AF454972

UN MOT

aux

AGRICULTEURS

SUR L'EMPLOI DU SEL MARIN,

et sur le

MOYEN INFAILLIBLE

de

DÉTRUIRE LA FOUGÈRE SANS DÉFONCEMENT.

CUSSET,

IMPRIMERIE ET LITHOGRAPHIE DE TH. VILLARD.

1852.

UN MOT

aux

AGRICULTEURS

SUR L'EMPLOI DU SEL MARIN,

Et sur le moyen infaillible de détruire la Fougère sans défoncement.

Lorsqu'on observe les résultats de l'agriculture en France, on est amené à constater l'existence de ce fait, que dans certaines provinces l'agriculteur profite, tire du sol un produit net qui, dans l'espace de quelques années, représente un capital considérable, tandis que dans d'autres régions, celles du Centre, par exemple, le cultivateur retire avec peine ses avances, sa nourriture et les sommes nécessaires au paiement des impôts. Il produit avec perte. Quelle est la cause de cette différence, quand, dans les deux cas, le prix du sol, celui du blé, celui de la journée de travail sont à peu près identiques ; quand, enfin, la nature du sol, ses forces productives sont aussi les mêmes? C'est que dans certaines contrées, l'étude, l'expérience, l'usage des bonnes méthodes ont démontré qu'il était possible de réparer, d'augmenter même, à peu de frais, les forces productives de la terre, et par conséquent, avec le même capital, de produire chaque année, sans interruption, le double de ce que récolte un voisin ignorant.

La science des *engrais* est toute l'agriculture. Donner la nomenclature des divers engrais ou amendements, en expliquer l'usage, nécessiterait un ouvrage volumineux, des recherches presque infinies ; nous nous bornerons à entretenir les cultivateurs des propriétés et de l'usage d'un amendement que la nature a répandu à profusion sur la surface de ce globe et dont le bon marché le rend accessible aux plus minces exploitations.

Nous voulons parler du SEL MARIN.

Dans la plus haute antiquité, on avait constaté l'emploi du sel en agriculture. Les Hindous et les Chinois en ont, de tous temps, fécondé leurs champs et leurs jardins. Les Assyriens, nous dit Pline, le mettent à quelque distance autour de la tige de leurs palmiers ; nos populations du midi, au pied de leurs oliviers.

A une époque moins reculée, Bacon, les auteurs de la *Maison Rustique* avaient indiqué l'efficacité de l'usage du sel en général et de l'eau salée, surtout en agriculture.

Enfin, de nos jours, lès Anglais, les Belges, les Flamands considèrent le sel comme l'un des agents les plus puissants de la production du sol.

Donc la question doit maintenant être considérée comme complètement jugée, surtout en présence des résultats que la statistique a constatés.

Mais le sel, en raison même de son énergie comme amendement, ne doit être employé qu'avec la plus grande circonspection. Répandu en petite quantité dans des terrains convenables, il les fertilise, aide puissamment à la végétation. Mis en trop grande quantité ou sans discernement, dans d'autres terrains, il les frappe de stérilité ou il les brûle, pour nous servir d'une expression vulgaire. C'est ainsi que dans l'antiquité et même encore dans le moyen-âge on a vu les vainqueurs des villes en raser les maisons et en semer le sol de sel pour le rendre pendant longtemps infécond.

Pour éviter les inconvénients qui pourraient résulter, pour le cultivateur de l'emploi innopportun de cet amendement, il est utile de lui donner quelques conseils que nous a suggérés une longue expérience.

§ Ier.

Action du Sel sur la végétation.

L'observation des faits fournis par la nature a, longtemps avant les expériences des savants, démontré que le sel exerçait une heureuse influence sur la végétation. Ainsi, on a depuis longtemps remarqué que dans les endroits qui avoisinent la mer, la végétation était très-active et que les animaux mangeaient avec une grande avidité l'herbe des prés salés. Aussi, instinctivement sans doute, les paysans de la Normandie et de la Bretagne emploient-ils les eaux de la mer à l'arrosement de leurs fumiers. Un fait qui se passa en Angleterre, dans le courant de l'automne de 1750, révéla à plusieurs fermiers de ce pays l'utilité du sel en agriculture. Des blés retirés du corps d'un navire submergé avaient été presque abandonnés, car l'eau de la mer qui les avait mouillés les rendait impropres à faire du pain. Cependant, quelques fermiers se hasardèrent à en semer une partie et ils constatèrent, à leur grand étonnement, que de tous les blés semés dans l'année, ceux qu'avait atteints l'eau de la mer avaient le mieux réussi.

Nous ne voulons pas multiplier les exemple; il suffit de dire que depuis ces dernières années, des expériences nombreuses ont démontré l'efficacité du sel pour activer la végétation. Tous les recueils publiés sur l'agriculture en contiennent journellement le récit et le fait qu'elles constatent peut être considéré comme définitivement acquis à la science.

Mais de quelle manière, en quoi le sel agit-il sur la végétation? C'est là une question complexe, presque infinie, sur laquelle la chimie fournit des explications plutôt qu'elle n'en donne la solution. Aussi, au lieu d'entrer sur ce point dans des détails scientifiques, qui ne seraient pas à leur place, bornons-nous à signaler les principaux modes d'action du sel sur la végétation.

1° Jeté sur des sols calcaires, le sel agit en se convertissant peu à peu en carbonate de soude qui est un engrais puissant;

2° Le sel se saturant facilement de l'humidité des pluies et des rosées de la nuit, maintient la fraîcheur du sol pendant les chaleurs de l'été;

3° Il lie les terrains sablonneux en les rendant moins poreux, ce qui fait qu'ils retiennent l'humidité plus longtemps;

4° Il dissout le phosphate de chaux, peu soluble de sa nature;

5° Il aide puissamment à la destruction d'une foule d'insectes nuisibles.

§ IIe.

Terrains dans lesquels le Sel peut être employé.

Le sel, avons-nous déjà dit, ne doit pas être indistinctement administré à tous les terrains. Pour plusieurs, il serait inutile, et pour d'autres, vraiment nuisible. En effet, si on se reporte à ses divers modes d'action que nous venons de signaler, on en conclura que pour que le sel puisse utilement se combiner, il faut que le sol lui fournisse de l'humidité, du calcaire, de l'argile ou bien les détritus animaux ou végétaux dont se compose le terreau.

C'est-à-dire qu'il ne faut pas le mettre dans les terrains secs, sablonneux ou dans les terres non calcaires et trop compactes ; encore, dans ce dernier cas, il est facile de lui donner quelque efficacité, ainsi que nous l'expliquerons plus bas.

En somme, ce sont les fonds à base d'argile, contenant naturellement ou accidentellement du calcaire, qui conviennent le mieux à l'emploi du sel.

§ IIIe.

Manière d'employer le Sel.

Le sel peut être employé : soit directement, soit à l'état de compost, soit comme accessoire d'autres engrais.

I.

Il faut choisir le sel le plus pur et le plus sec que l'on puisse trouver; s'il est quelque peu humide, il faut le faire sécher au feu.

Quand le sel est bien sec, il faut le pulvériser, c'est-à-dire le réduire en une sorte de poussière impalpable telle que la farine passée au tamis. Cette poussière de sel sera semée à la volée, au printemps, sur les premiers labours préparés pour les semences d'automne, après, toutefois, qu'on y aura passé la herse afin de diviser la terre autant que possible. L'action de l'atmosphère, l'humidité du sol et les principes calcaires qu'il contient suffiront pour que l'action du sel se produise en temps utile.

II.

Lorsqu'on n'a pas eu le soin de répandre le sel lors des labours du printemps, il faut l'employer combiné avec d'autres substances, c'est-à-dire à l'état de compost. Ce compost ou mélange se fabrique ainsi :

Etant donnée une quantité de sel, vous prenez le double au moins, en poids, des matières suivantes, que nous indiquons suivant leur qualité : 1° des cendres de bois lessivées; 2° des immondices ; 3° une terre riche et meuble; 4° à défaut de ces matières, toute espèce de terre argileuse ou calcaire. Vous choisissez un local à l'abri de la pluie, quelle que soit son exposition : hangard ou sol de grange; et vous commencez par former une couche des cendres ou de la terre qui doit faire partie du compost, vous la saupoudrez de sel pulvérisé que vous humectez ensuite, soit avec de l'eau de fumier, ce qui est préférable, soit avec de l'eau ordinaire. Il faut se garder de verser sur le compost une quantité de liquide trop considérable; l'essentiel est qu'il soit suffisamment humecté, sans être réduit à l'état pâteux,

Le mélange doit être retourné et broyé avec la pioche, comme le mortier des maçons, de manière à ce que le mélange des différentes parties du compost soit aussi complet que possible. Pendant plusieurs jours, il faut humecter et pétrir de nouveau. Enfin, au bout de trois ou quatre jours, vous réunissez votre compost en un seul tas ayant la forme d'un cône ou d'un pain de sucre, dont la base serait à peu près égale à l'élévation.

Le compost, ainsi fait, doit rester en cet état jusqu'à ce que l'on veuille s'en servir.

On peut le conserver ainsi, plusieurs mois, sans qu'il s'altère ; au contraire, il ne pourra qu'y gagner.

Quand on sera sur le point de faire les semences, on aura soin d'écraser ce mélange à la pioche et on le répandra sur le sol la veille ou le jour même de la semence des graines.

Cet amendement, dont la composition est fort simple et peu coûteuse, convient à toute espèce de céréales ou de gaaminées.

Pour les prés francs, ainsi que pour les prairies artificielles c'est au printemps qu'il doit être employé. Ses résultats sont excellents. Seulement il faut prendre garde de ne mener paître les bestiaux qu'après la récolte, autrement ils dévoreraient l'herbe avec avidité, jusques dans ses dernières racines.

Voici maintenant, d'après de nombreuses

expériences, qu'elle est la quantité de sel pulvérisé à employer pour diverses espèces de terrains.

Terre argileuse et humide :

Pour un hectare.............	200 kilos.
Pour l'ancienne mesure du Bourbonnais (9 ares 72 centiares)....	20

Terre sablonneuse mêlée d'argile :

Pour un hectare.............	175 kilos.
Pour 9 ares 72 centiares......	17

Terre de grès vif :

Pour un hectare.............	150 kilos.
Pour 9 ares 72 centiares.......	15

Quand le cultivateur n'a pas eu le temps ou la précaution de semer son sel sur les premiers labours du printemps, ou de fabriquer le compost ci-dessus indiqué, il peut se procurer un tonneau, à l'arrière duquel est une petite auge percée d'un grand nombre de petits trous, semblable à ceux dont on se sert dans les grandes villes pour l'arrosage des promenades; il l'emplira d'eau de fumier dans laquelle il fera dissoudre la quantité de sel nécessaire pour l'amendement de son champ, en ayant soin que la quantité d'eau soit suffisante pour en humecter toute la surface. Il arrosera ensuite, quelques jours avant les semailles et même la veille, s'il ne peut faire autrement.

Cette méthode est excellente pour hâter la pousse de l'herbe des prés francs, ainsi que pour les prairies artificielles. Elle est surtout préférable à l'emploi du plâtre que le commerce livre souvent mélangé de craie ou d'autre pierre blanche concassée.

Nous avons dit plus haut que dans certains

terrains l'emploi du sel pur était souvent nuisible ou tout au moins inutile ; nous en avons donné comme exemple les terres non calcaires et trop compactes. Un célèbre professeur, M. Girardin, propose d'y remédier en l'employant ainsi qu'il suit :

» Associez le sel à la craie, à la marne blanche ou à la chaux, Faites en un compost avec le double de son poids, de l'une ou l'autre de ces substances ; humectez ce mélange ; couvrez-le de terre ou laissez-le mûrir à l'ombre pendant trois ou quatre mois, en évitant surtout que le tas ne se dessèche. Vous arriverez de cette manière à transformer votre sel en soude qui agira dans toutes les terres, quelle que soit leur nature.

» Ce compost, vous le répandrez à la main, au printemps, sur vos récoltes déjà levées, à la dose de 1,000 kilos par hectare, » c'est-à-dire en suivant la proportion sus-indiquée : 333 kilos de sel, sur 666 kilos de chaux ou de marne.

III.

Le sel peut encore être employé avec le fumier, soit pour hâter sa décomposition et le réduire plus vite en terreau, soit pour le mettre à l'abri de la détérioration.

Ainsi, M. Auguste de Gasparin assure que le sel, mêlé par couches alternatives avec le fumier de litière, maintient l'humidité convenable, sans addition d'eau. Un tel fumier est à l'abri de toute détérioration ; il ne moisit ni ne chancit ; il est exempt du défaut que nous appelons le *blanc*. Ce fumier, mêlé de sel, acquiert une qualité supérieure, que M. de Gasparin croit pouvoir estimer à un tiers en sus.

La quantité de sel peut varier suivant la nature des fumiers, de 8 à 10 kilos par charretée ou par mètre cube.

Le Sel employé pour la nourriture des bestiaux.

Nous lisons dans une circulaire récente de M. le Ministre de l'agriculture et du commerce : « Le sel paraît devoir être employé utilement : 1° dans l'alimentation des animaux ; 2° pour conserver les fourrages en arrêtant la fermentation ; 3° pour remplacer les sels solubles qu'ont perdu par le lavage certains aliments végétaux comme la pulpe des pommes de terre et des betteraves ; 4° pour neutraliser l'action malfaisante des fourrages humides, avariés et de qualité inférieure ; 5° pour exciter chez les animaux une salivation abondante et donner plus de puissance à l'action digestive. »

Dans cette circulaire, sur laquelle nous reviendrons plus tard, le Ministre invite les agriculteurs à faire des expériences sur l'emploi du sel dans l'alimentation des bestiaux et à en tenir note avec soin. Sa voix a peut-être été entendue dans plusieurs parties de la France, mais il n'en a pas été de même pour celle que nous habitons.

En général, les fermiers ou colons de nos pays manquent , pendant une partie de l'hiver, de fourrages suffisants pour le nombre de bestiaux qu'ils doivent nourrir à l'étable. Tel domaine a un cheptel de vingt-quatre bêtes à cornes, qui ne récolte tout au plus que de vingt-quatre à trente milliers de foin. Et de quoi se composent encore ces fourrages? de foins mouillés, rouillés, et parmi lesquels se trouve souvent une moitié de petits joncs vulgairement appelé *bajoncs* dans le pays. Comment faire vivre tant de bestiaux avec si peu de fourrage, surtout si l'on considère qu'ils sont malsains et de mauvaise qualité? Aussi on remarque que les bestiaux, composant nos cheptels, qui sont tous gras et bien portants à l'entrée de l'hiver, sont, au printemps, dans un état bien différent. A peine ont-ils assez de force pour se traîner de l'étable à l'abreuvoir et quelquefois aux champs aussitôt que quelques herbes paraissent sur le sol. Cependant rien n'est moins difficile et moins dispendieux que de remédier à cet état de choses. Dix francs de sel bien employé vaudront bien mieux que quatre milliers de ces mauvais fourrages qu'on est encore obligé de mêler à de la paille pour faire ce qu'on appelle de la *mêlée*.

Il suffit, pour toute une étable, d'avoir un baquet rempli d'eau, jusqu'à concurrence de 25 litres; on y fait dissoudre un demi kilogramme de sel, et avec cette eau on asperge le fourrage ou les racines servant à la nourriture des bestiaux. Après quinze jours de ce régime, on pourra en apprécier les effets, car tous les animaux auront changé de poil et d'allure.

Si une bête est malade, languissante, une demi poignée de sel dans un baquet ou on aura déjà mis deux poignées de farine d'orge, suffira pour lui rendre la santé. Ce procédé peut s'appliquer à toute espèce d'animaux, tels que moutons, porcs, etc.

Tout cela n'est pas de la nouveauté; ce n'est pas une expérience à faire. Elle a été faite depuis longtemps et dans tous les pays qui nous avoisinent.

C'est en se fondant sur des résultats positifs que, dans sa circulaire que nous avons déjà citée, M. le Ministre de l'agriculture recommandait en ces termes l'emploi du sel pour la nourriture des bestiaux :

« On peut administrer le sel aux animaux,

soit directement, soit mélangé avec d'autres aliments.

Voici les doses qui peuvent être données par jour :

Bœuf de travail, 60 grammes ; vache à lait, 60 grammes ;

Bœuf d'engrais, 80 à 150 grammes ;

Porcs d'engrais, 30 à 60 grammes ;

Cent moutons, 150 à 200 grammes ; moutons à l'engraissement, 300 à 400 grammes ;

Cheval, mulet, jument, 30 grammes.

Pour le mélange, on a observé de bons effets par sa distribution d'une ration ainsi composée pour les porcs :

Pommes de terre cuites à la vapeur, 10 kilos; lait écrêmé ou petit-lait, 3 kilos; farine de seigle, 500 grammes ; sel, 15 à 20 grammes.

Comme ce régime peut échauffer les animaux, on y remédie en remplaçant, deux fois par semaine, le sel par une égale dose de sulfate de soude cristalisé (sel de glauber). Ce dernier sel ne coûte que de 8 à 15 francs les 100 kilos.

Les rations journalières de sel, indiquées par M. le Ministre, sont à peu près les mêmes que celles adoptées en Belgique et en Allemagne. En Angleterre, où l'éducation des bestiaux est l'objet d'une étude approfondie, les rations sont plus considérables encore.

Lorsque les fourrages récoltés sont humides, de mauvaise qualité ou paraissent exposés à la moisissure, il est prudent de les saupoudrer de sel pulvérisé, dans la proportion de 1 kilo de sel sur 100 de fourrages. Ils se conserveront parfaitement et seront une excellente nourriture pour les bestiaux. On peut avec avantage employer le même procédé pour les fourrages en bon état, surtout pour ceux qui proviennent des prairies artificielles.

Et, puisque nous nous occupons en ce moment de bestiaux et de fourrages, il est utile que nous indiquions aux agriculteurs un remède efficace contre une maladie très-commune, dont les effets sont prompts et terribles; nous voulons parler de l'enflure ou gonflement causé aux bêtes bovines par des dégagements de gaz qui surviennent lorsqu'elles ont mangé des fourrages verts ou mouillés et de l'herbe en trop grande quantité. Comme la maladie est rapide, le remède doit l'être aussi. Le plus simple et le plus efficace, celui qui nous a toujours réussi consiste à prendre deux grammes de poudre de chasse dans environ dix centimes de bonne eau-de-vie.

DESTRUCTION DE LA FOUGÈRE.

La fougère est partout considérée comme la plus redoutable ennemie des céréales. Douée d'une force de croissance et de multiplication rapides, elle envahit en peu de temps toute la surface du sol, et c'est dans les meilleurs terrains qu'elle apparaît et se multiplie de préférence. Sa tige, haute et vivace, absorbe toutes les forces productives de l'atmosphère, en étouffant les tiges moins vigoureuses des céréales, tandis que ses racines nombreuses, entremêlées, qui s'étendent indéfiniment au-dessous de la terre végétale, dévorent la plus grande partie des sels naturels de la terre et ceux des engrais qu'on y transporte pour la culture des céréales.

La fougère est donc pour l'agriculteur un véritable fléau contre lequel on a inutilement lutté jusqu'à ce jour. Des expériences nombreuses ont été faites, des procédés nouveaux ont été mis au jour, mais on n'a jamais atteint le but qu'on se proposait : la destruction totale de la fougère.

Nous croyons donc rendre un véritable service à l'agriculture en faisant connaître un procédé de destruction, fondé sur un principe bien simple et dont une longue pratique nous a démontré l'efficacité.

tance et ainsi de suite, jusqu'à ce qu'il ait ainsi parcouru tout son champ.

L'opération commencera vers le 15 mai et se reproduira à plusieurs reprises, jusqu'au 15 septembre.

Un ouvrier comprenant son ouvrage et agissant avec méthode, comme nous venons de l'indiquer, doit; en employant de cinquante à cinquante-cinq journées de travail, du 15 mai au 15 septembre, détruire la fougère de cinq hectares. Il est facile de le prouver.

Première Coupe. — En prenant pour durée de la journée de travail pendant l'été, 16 heures, soit 14 heures, en déduisant le temps des repas, un ouvrier peut couper par jour 1680 mètres de fougère, à raison de 2 mètres par minute; or, en quinze jours, employés du 15 au 30 mai, il aura nettoyé la surface de cinq hectares. Pour quinze journées, à 1 franc chaque, l'ouvrier recevra un salaire de ... 15 fr.

2e coupe	du 1er au 5 juin,	5 journées...			5
3e	—	du 6 au 9 —	3	—	3
4e	—	12 au 13 —	2	—	2
5e	—	16 au 17 —	2	—	2
6e	—	20 au 21 —	2	—	2
7e	—	24 au 25 —	2	—	2
8e	—	29 au 30 —	2	—	2
9e	—	4 au 5 juillet	2	—	2
10e	—	9 au 10 —	2	—	2

11e coupe	du 14 au 15 juillet	2	journées	2 fr.
12e	—	20 au 21 —	2	—	2
13e	—	26 » —	1	—	1
14e	—	31 » —	1	—	1
15e	—	5 août.....	1	—	1
16e	—	10.........	1	—	1
17e	—	15.........	1	—	1
18e	—	20.........	1	—	1
19e	—	25.........	1	—	1
20e	—	30.........	1	—	1
21e	—	5 septembre	1	—	1
22e	—	10.........	1	—	1
23e	—	15.........	1	—	1
24e	—	20.........	1	—	1
25e	—	25.........	1	—	1
	Total..............		55 journ., soit.		55 fr.

Ainsi, cinquante-cinq francs étant le chiffre total de la dépense pour cinq hectares, il n'en coûtera que onze francs par hectare, pour extirper entièrement la fougère. On voit que la dépense est minime, si l'on a égard à l'importance du résultat.

Un ouvrier travaillant 112 jours, du 15 mai au 25 septembre, suffit pour l'ouvrage de dix hectares, et il ferait même plus de besogne, s'il se livrait exclusivement à cette occupation.

Il est indispensable de n'employer à cet ouvrage que des ouvriers spéciaux ou au moins des gens fort soigneux ; car il faut que l'opération se fasse sans retard, et la moindre négligence peut en faire perdre tout le fruit, et il suffit souvent d'une seule racine de fougère pour que la plante reparaisse bientôt dans tout le champ.

Quand une pièce de terre a eté ainsi explorée pendant une année, on ne peut cependant dire que la fougère soit entièrement détruite. Elle reparait ordinairement, quoi qu'en moindre quantité, pendant la deuxième et quelquefois encore dans la troisième année ; mais passé ce temps, elle disparaît si l'on a eu la précaution de renouveler l'opération pendant le cours de ces trois années. Comme pendant les deux dernières années la fougère ne paraît qu'en petite quantité, la dépense est aussi moins considérable et peut-être évaluée à 5 francs par hectare.

Il est bien entendu que durant la première et la seconde année de l'opération, le terrain doit rester en friche ; on peut le cultiver pendant la troisième ; mais ce n'est que quand elle est expirée qu'on peut être certain d'être débarrassé de la fougère. Alors, les nombreuses racines de cette plante étant privées d'existence, se pourrissent et servent d'engrais à la terre qu'elles ruinaient auparavant.

G. TANTOT.

Cusset, imp. et lith. VILLARD.

www.ingramcontent.com/pod-product-compliance
Ingram Content Group UK Ltd.
Pitfield, Milton Keynes, MK11 3LW, UK
UKHW021033260726
13994UKWH00005B/2121